小資媽媽育兒向前衝

——帕帕珍優雅不起來的育兒奇幻旅程

帕帕珍
（PapaJane）著

U0144079

作者序

大家好，我是帕帕珍。

我以前出版過《小資女職場向前衝》，那時候的我每天在辦公室裡當社畜，努力在工作與生活間找到平衡。但現在我是在家穿著拖鞋、有時忙到忘記刷牙，每天在家和兩個孩子上演慌亂的奇幻日常。

我想成為媽媽應該是我人生中最大型、複雜、最需要耐心的專案。雖然我表面上看起來大辣辣，好像對什麼事情很佛系，累了就躺平（物理上跟心理上）但其實我內心容易緊張兮兮，總擔心自己做得不夠好。

真正面對孩子時，我的緊張狀況更明顯，大寶還是小嫩嬰時，我看到新生兒那麼脆弱的樣子，好怕一抱就弄痛他，甚至晚上會驚醒想確定他有沒有呼吸，一路走來真的手忙腳亂，但同時也被孩子的成長弄得又驚又喜……儘管我希望孩子健康平安就好。

但各種擔心的小泡泡總是碰出來——

從他的食量、睡眠、肢體、語言發展，不要不要時期。各種突如其來的小狀況！都讓我忍不住煩惱、想太多、也很擔心。我一直在學著怎麼在焦慮中找到讓自己平靜的方法，同時一直提醒我自己，再怎麼努力當個好媽媽，孩子真正需要的，可能也只是放鬆點、快樂點的媽媽。

從之前當社畜到現在育兒，圖文一直在是我轉移心情的方法，忙亂日常被畫成圖後，想起來就沒那麼煩躁，因為粉專上有讀者回饋，真的是我持續創作的最大動力，再次感謝、也很愛有追蹤圖文的您：)

而有機會變成一本書，也要謝謝東販編輯靖婷和設計師，才能將這些片段日常變成一本溫暖又可愛的書。

希望這本書能讓你感受到一點共鳴，日常的亂七八糟中，都有被藏起來的樂趣！

帕帕珍

人物介紹

帕帕珍

本來是公司的設計美編
小孩出生後改在家接案
熱愛手搖飲，育兒後更愛！

貓爸

溫和老實的生父
工作都很晚下班
興趣是小孩睡著後打電動

虎哥

虎年出生
喜歡車子跟溫柔的姐姐
外表很斯文
但行動起來像柴山獼猴

龍妹

龍年出生
比起奶嘴更愛吃手手
興趣是咬口水巾
專長是戴髮帶不會掙扎

目次

part 1

備孕的點滴歷程

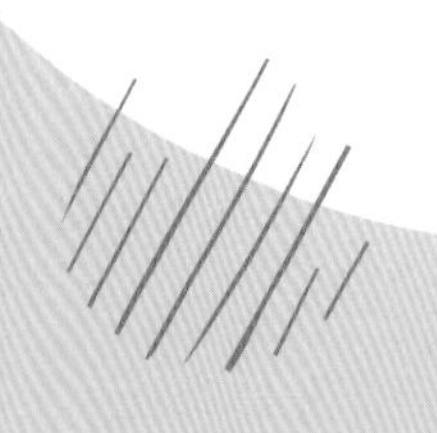

找不到孩子的爸爸

單身時，去婦產科做健康檢查
你生理期會痛吧？
會耶，以前明明不會的
是工作壓力太大嗎……

妳的子宮有肌瘤喔
要記得定期追蹤！
而且…妳想生小孩嗎？
如果可以
會想要有耶

蝦咪！那趕快啊！
花開堪折直須折
莫待無花空折枝!!
很少有人給他
這個答案吧……
感覺醫師都比我緊
張了…但…

但重點是…我還
沒找到小孩的爸爸啊
!!!
拖太久會
很辛苦喔！
我知道啦～
我爸都沒你緊張耶？

回想備孕時的檢查

註：AMH是評估女性生育狀況的數值。

失望的感覺

看電視劇時
經常有女角色意外懷孕
噁心果然是
懷孕的起手式啊

當時我們剛做基本的備孕檢查
看AMH跟精蟲報告是無異常的
可以先試試看自然懷孕
如果超過一年還沒懷孕
就建議找不孕科諮詢喔

備孕也快一年，心情也從
自然轉變成很注意各種徵兆
吃完中餐
有點反胃……
想想我生理期
也遲到一週了

我生理期很準時
所以這次……
囤貨的驗孕試紙
很有機會
懷孕吧！

還是一條線
一直撲空
真的會很失落呢

這類煩惱只能跟同狀況朋友討論
我也是備孕後
發現沒想像中容易呢
時間久了真的
也有點壓力
所以我有在想說……

要不要跟我一起抄經文
或出遊順便求個花？
原來有這些啊
開始理解，適當尋找玄學寄託
不無是個減輕焦慮的方法～

part 2

懷孕時的大小事

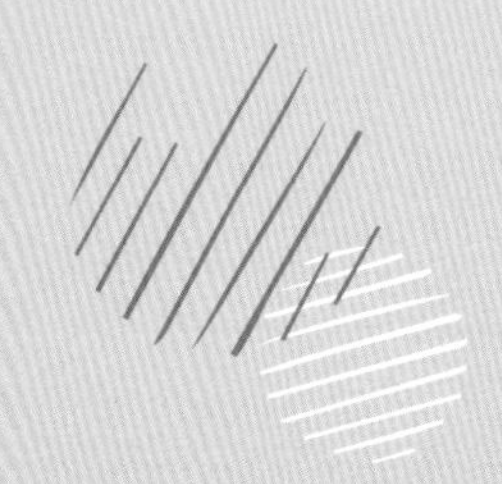

給老公驚喜1

雖然驗孕棒
有兩條線，但也
不一定準確……
就自己先去
婦產科確認
有懷孕喔！
一週後可以
聽到心跳～
PapaJane

此時護士小姐
那個
妳想留下
小孩嗎？
?

我想要呀～
怎麼這樣問？
驚
例行性都會問，因為
我們沒有在做流產手術
抖

之前疫情的關係
還蠻多人意外懷孕……
一直待在房間果然會出事
都他說在旅館約會
比較安全

給老公驚喜2

確定懷孕後，雖然很想告訴親朋好友……
但不穩定不敢說
忍住啊！太太！請忍住！
只能挖洞大喊
PapaJane

先跟老公說好了。想像他的反應……
淡定版
喔
渣男版
是我的嗎？
夢幻版
把我抱起來轉圈圈？

就參考Utube影片要用什麼方法說明咧～
你要當爸爸了
衣服
放驗孕棒／超音波照／奶嘴放在禮盒裡
機關蛋糕放驗孕棒

結論。好麻煩
我好懶
就很隨性把驗孕紙放到喝完Airw●ves裡……

下班的老公
嘿老公
打開看看吧～
誒！
口香糖……
我討厭
口香糖

……
我也不
喜歡薄荷……
這是……

哈哈哈哈
為什麼變貓勒
喵喵喵
喵喵喵
(錄影)

不停吃東西

剛開始懷孕，
我還不會孕吐
胃口還超好
反正一人吃兩人飽
多吃點沒關係吧？
結果產檢都
要量體重時
!?
…體重計
壞了嗎？
那個媽媽～
寶寶前三個月
會自己帶便當～
卵黃？
現在吃太多只是
胖自己身上喔～

那三個月後…寶寶
會吸媽媽的營養，能多
吃多少東西？
其實一天多吃
300大卡熱量
就好了～
體重狂飆會有早產風險喔
飲食控制很重要喔～
300大卡是
一份中薯
OR
一片比薩
OR
1小杯奶茶
300大卡也太不過癮！

接著開始孕吐
魚尾獅示意圖
下一次產檢
好，這個月重2kg～
登登
打擊
大概100g
沒吃飽又吐
居然還變胖
??????
PapaJane

大小自如的肚子

頭髮炸開

懷孕禁忌多
自然捲大爆炸的我，其實有顧慮懷孕能不能燙髮
醜到自己受不鳥
醫師！現在燙髮會怎麼樣嗎!?
會變漂亮喔！
PapaJane

健忘的媽媽腦

後期胎動好痛喔!!

孕婦裝

維他命吃到飽

維他命日常
懷孕被提醒要補的維他命很多
綜合維他命
魚油
鐵
鈣
吃這麼多…會不會中途變生化人
等等！EVA面攤女神凌波零的私房菜單不就是這樣嗎!?
中二魂爆發
吃飯～時間
PapaJane

五感全開

狗鼻子打開
懷孕後，口味真的大改變
我居然覺得臭豆腐好噁！
討厭臭豆腐
孩子幹得好！
老公…其實你剛洗完澡我也覺得很噁喔……
我洗香香囉
嗚……

懷孕體質大改變！

媽媽不准尼餓！

媽媽本能
觀察阿嬤
有吃飽嗎
超爆飽
觀察媽媽
要再加料嗎
嗝
觀察準媽媽
醫生說OK，但我覺得寶寶太輕勒
牛肉湯
酪梨牛奶
媽媽果然是最怕萬物吃不飽的生物
PapaJane

釘子戶出來喔

小虎足月後，我就開始數饅頭了
自然產就是讓小孩自己選時間降落～
好想拿回身體…
（寶寶搖滾中）
產兆有落紅、破水跟陣痛…不管是哪個，快讓我生～～

吃麥當當、麻辣鍋
（神祕學）待產包要關上拉鍊或跟寶寶聊天約日期
爸爸放假那天出來好不～

很怕小孩不肯退房，就嘗試了常聽到的方法
坐瑜珈球、類深蹲

行房（此為模擬情境）
（請諮詢醫師建議）
哈囉寶寶～我是爸爸!!敲門囉快快出來喔喔喔
咚咚咚
吵死了賣岔啦（台語）

產檢關卡

知道懷孕的那刻，跟老公非常
興奮開心的預約產檢日
但冷靜下來……

就開始有很多擔憂
能撐過
安全期嗎…
混亂
寶寶基因檢測
會順利嗎…
出生後也
有健檢…
未來要找托嬰
後援嗎…

突然覺得有孩子是場
永無止盡的冒險（擔憂）
這張地圖
開不完所有關卡

每次產檢都在挑戰當爸媽的心臟
這個抽血的染色體檢查
沒有狀況不會通知妳喔
就是
有狀況=才通知

每次檢查後我都放空找事做
不要有時間想東想西

嘟～
（婦產科醫院來電）

媽媽妳好，我是OO產科的檢驗站，請不要緊張喔我們是要通知妳⋯
喂⋯妳好⋯？

妳的血液含有的寶寶樣本不足想請妳有空再過來重新抽血～
好的！那我再過去！

幸好只是要我重新抽血
看到來電顯示瞬間我真的心涼

幸好重新抽血後，順利拿到無特殊情況的報告
經過這件事，我更覺得孩子健康平安真的不是理所當然的事

爸爸還想做的事情

卸貨時間
突然一直宮縮，讓我好緊張會提早出來……
這時候出來要住保溫箱，不可以偷跑捏
30週
痛
硬
沒錯，而且
PapaJane
爸爸的艾爾登法環還沒破完，拜託再給我一點時間……
蛤
你擔心這個？

脹奶勒索

神奇的大自然
生產後請定時
3～4小時擠奶？
這是對產婦的
情緒勒索嗎
病房的產後
衛教單
很皮沒定時
擠奶的下場
石頭奶
超痛
原來是
生理勒索

要生了嗎

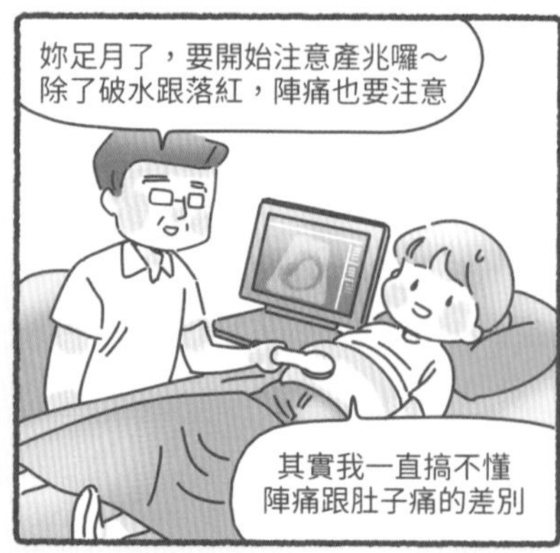
妳足月了，要開始注意產兆囉～
除了破水跟落紅，陣痛也要注意
其實我一直搞不懂
陣痛跟肚子痛的差別

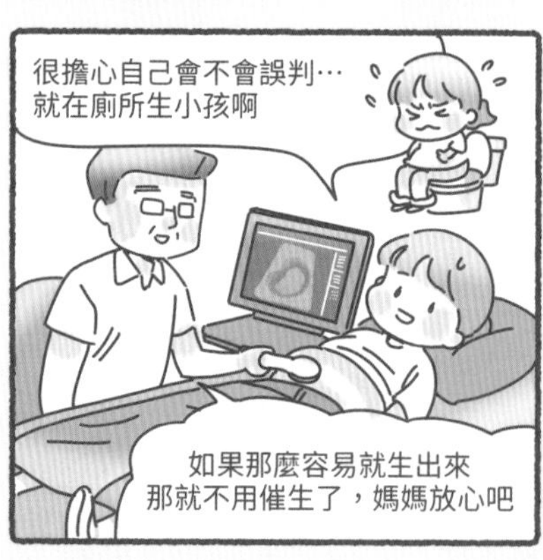
很擔心自己會不會誤判…
就在廁所生小孩啊
如果那麼容易就生出來
那就不用催生了，媽媽放心吧

就到38周某夜晚…
嗯……
居然痛醒了
是要拉肚子
還是宮縮？

沒有拉肚子
沒有落紅
沒有破水
但肚子還是好痛
痛感滿規律的
這就是宮縮吧？
但之前看
生產文…

如果是暫時性宮縮，產道沒開指
去待產室也會被退貨
就還是要回家
當時新冠疫情正嚴重又嚴格的階段
就很不想白跑一趟醫院

想著想著就又睡著了

結果還是痛醒
老公也醒來了
老公…我不知道
現在陣痛是暫時
還是真的要生了捏
瞎咪 還是
趕快去產科吧

等到醫院
媽媽我先
內診看看喔～
OS：
哇啊啊啊
痛啊

開兩指了！媽媽你真會忍～
可以待產了，應該有帶
待產包吧？
瞎咪！我以為
會被退貨!!
啊我忘記拿
待產包了
這對準爸媽在
逃避現實嗎……

無痛的迷思

趁麻醉師在，媽媽要打無痛嗎？但打完就不能下床囉～
要!!
我要!!

雖然長輩說
打無痛以後容易腰痠～
醫師解謎
無痛只是暫時，育兒的姿勢不良才是腰痠主因！
管他三七二十一無痛打下去!!

打無痛時要捲成蝦子狀
打下去有一股涼涼的感覺
然後就不痛了!!
科技萬歲!!

我待產的醫院，是自己按鈕給無痛
140 107
有感覺了
那我先去上班，寶寶要等爸爸回來喔～

8小時後……
我回來了……還好嗎!?
老公
我感覺好痛喔～～無痛無效了……
瞎咪

要開五指了～不能按無痛囉
保留點感覺才能生得出來喔！
痛啊啊
越來越痛欸!!!
我想剖腹啦～～
看到寶寶的頭髮了！
要推到產房囉！媽媽加油！

像大便
那樣出力!!
吸氣
吐氣
爸爸在
景觀排
生孩子這件事
真的很赤裸呢……
但當下只想
把小孩
快點擠出來！

幸好產房沒待很久
小孩就出來了～
哇～～
哇～～
平安生下健康的小孩
當下只有無限感恩啊～

但回病房休息……驚魂未定、爆累跟
痛感湧上來（脹奶跟撕裂傷）
此時一位年輕二寶媽
輕盈走進病房

妳也剛生完吧？
好餓喔！我們要點
麥當勞來吃～
妳要不要跟？
不用了……
謝謝……
(完全沒食慾)
氣色很好
青春的肉體
就是讚啊

我當下的感受

生產回憶
翻到我剛生完小孩的塗鴉
驚魂未定

內容：自然產的感覺，像被雷劈成兩半!!!
嗚哇!!!!
哇～

明明打了減痛，但到後面
還是痛到懷疑人生～
我會屎！
救命啊啊
原來媽媽生我時也是這樣嗎

浮現我中二時走馬燈
妳好煩喔！
唸一下都不行？
阿母對不起
喔喔喔喔喔

真的是當媽後，才知媽媽的不容易
阿母好厲害⋯⋯
有什麼好厲害的？
三寶媽
媽咪我愛妳（´▽`）母親節快樂喔！

生產完消失的接觸

媽媽說得是對的

雖然小，但意外的重

平胸的逆襲

part 3

育兒是五味雜陳

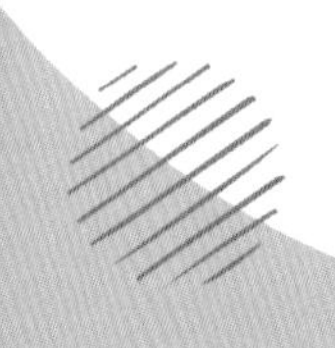

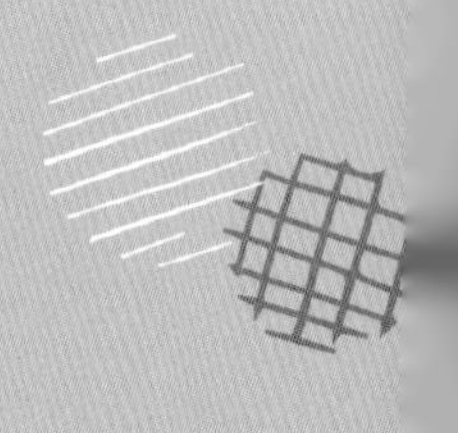

新的最對味

讓爸媽融化的笑容

我的尺度變好大

餵母乳的成本

隱形支出
妳餵母奶那很省奶粉錢吧？
省錢嗎……
PapaJane
但……媽媽的伙食費會變很高捏
24hr 好餓
Crisps
而且還變胖

失去味覺

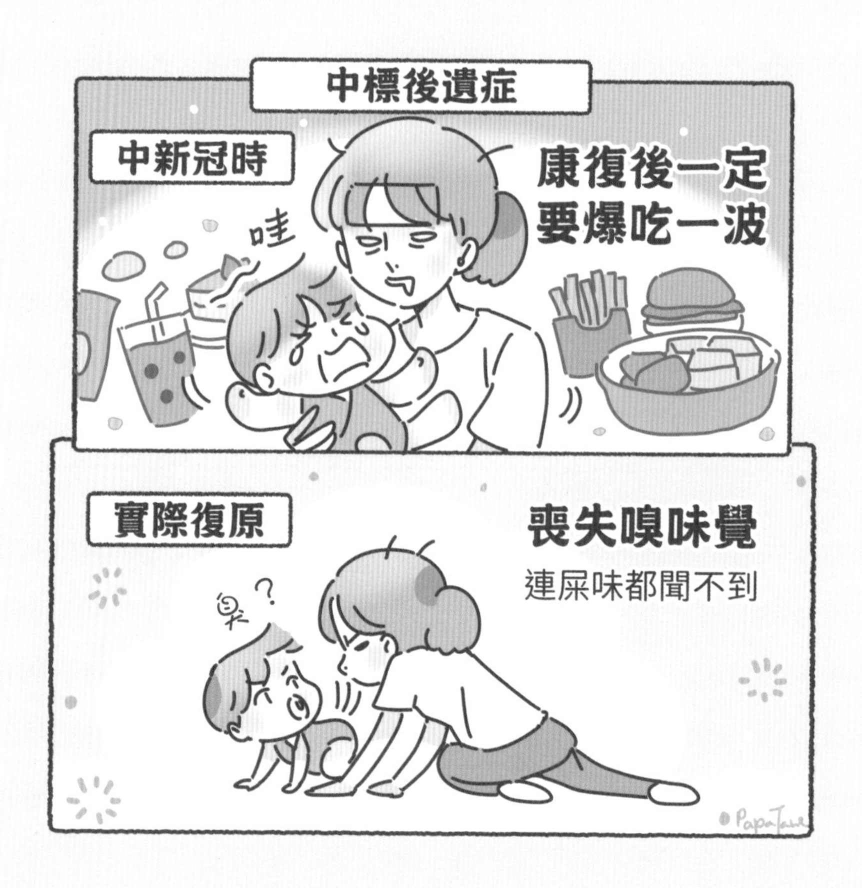

食物們原來你在這

會翻身了

剪指甲好難

走一步跳兩步

趕快穿外套跟衣服

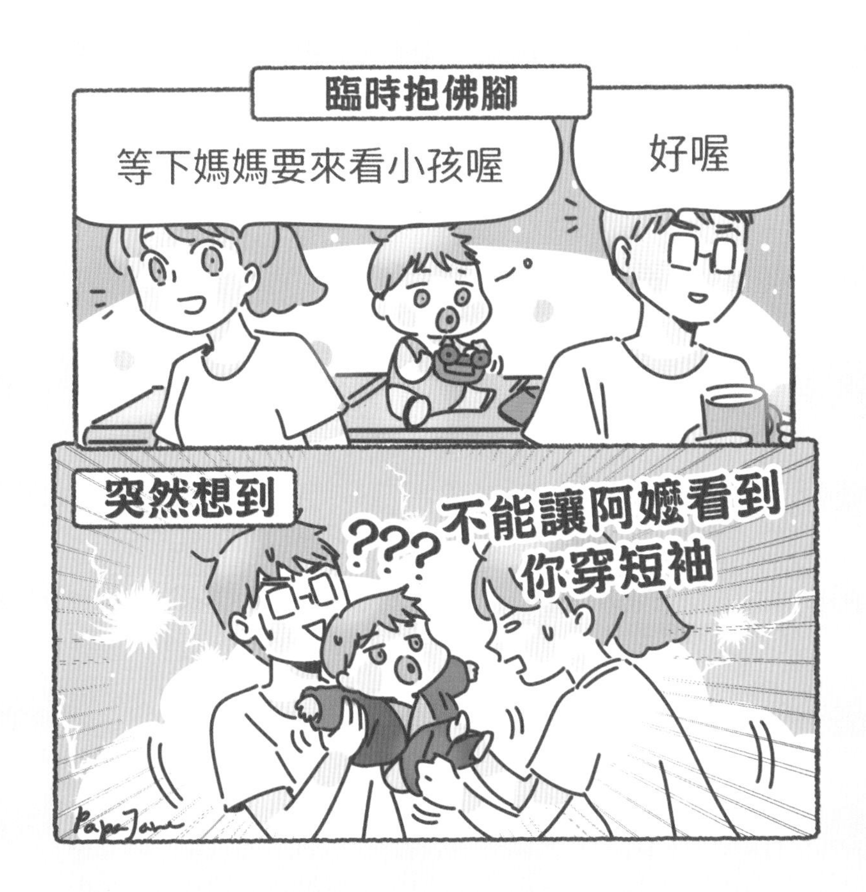

雞腿排

一定要在晚上嗎

他叫爸爸了

親餵挑戰

嚇死寶寶
其實吸內內很耗力氣
輕鬆～
所以習慣瓶餵
會不喜歡吸奶
小虎看到內內
哇啊啊啊啊!!
（翻譯）
把那東西拿開
我要奶瓶QQ!!
PapaJane

考驗愛情的絕對不是婚姻本身

我們婚後就是延續之前的相處模式
腦公你看
這好香
同好
我這才香
PapaJane
但有孩子後
明明先加水再放奶粉
比較快，幹嘛弄得這麼複雜
先放奶粉再加水
明明也一樣啊
哇啊啊

寶寶不睡媽媽也休想睡

只有到處走走才能冷靜，然後
無靈魂搖
摸我的臉再深情款款地看著我？
女人啊…妳怎麼捨得讓我睡？
給我睡啦

莫名就醒了

嗯～～
扭動
屁孩在找奶嘴？
塞回去繼續睡
呼
我身體被改造了嗎!!
居然這樣就醒了!?

熊熊睡著了

之後
要睡囉～
抓？
?

噗噗噗（要打他對吧）
拍拍拍
不是不是你誤會勒

媽媽的樂趣

啊……痛～
我被屁孩踹醒了～

但這個觸感跟味道……
怎麼這麼棒……
捏聞
重點錯誤的幸福

果然要買更大件

爆橘拳

先活著就好了

最壞就只能這樣了

不要小看嫩嬰的掌勁

捨不得睡又好想睡喔…

時間櫻吹雪
沒孩子時
時間分配圖
吃
拉
工作
玩
睡
(平日)
吃
拉
睡
(假日)
有孩子後
時間分配碎片化
女人～自己找
時間尿尿吧～
PapaJane

玫瑰「童」鈴眼

孩子睡了 我有速度感

下班的媽媽
這是閃電俠
買早餐
打怪
面對危機時
會高速動作
當孩子睡著時
咻咻咻
家務
工作
追劇喝酒
媽媽也有
這神力喔！
PapaJane

各種想法的大姊姊們

朋友來看小孩
終於看到本尊了
隨？

妳不是不婚
不生主義嗎？
其實看妳生小孩後
我也有新的想法呢
喜歡美女

你以前對小孩
無感說～
雖然很累，但現在
我覺得有個小孩
似乎也不錯……
好奇……

對～但我要當你小孩心中
漂亮、有錢又不結婚的有趣阿姨!!!
原來是想法更堅定

當爸媽就是重新過童年

單身時
購物車滿滿
自己想買的
衣服
美妝品
有孩子後
我的購物車變
小孩的購物車
哄睡/安撫
神器
解放雙手的玩具

但收到時
喔

哇靠！現在小孩
的玩具好酷喔！
買小孩的玩具，也會
讓自己變回小孩～～
玩得很認真

你或許不記得，但我們會記得喔

但走著走著發現⋯⋯
晚上的星空超美！
雖然現在去玩，小孩不會記得
終於睡了
還回頭拿相機
但會給爸媽留下
很特別的回憶

餵母乳禁忌好多喔

咖啡因與母乳
餵母乳還喝咖啡、珍奶
小朋友會睡不著喔～
重度
飲品者
蛤～
實測後
哈哈哈
就算不喝任何
咖啡因飲品～
晚上不睡
就是不睡
媽媽我照常
喝爆吧～
亢奮

奶粉挖到昏

精準派VS目測派
老公泡奶粉
搞得像做化學實驗
電子秤
呵
PapaJane
我自己
瞬間腦霧
5、6…6、5？
？
等等這是第幾匙??

你詐不到我，因為我自己都記不得

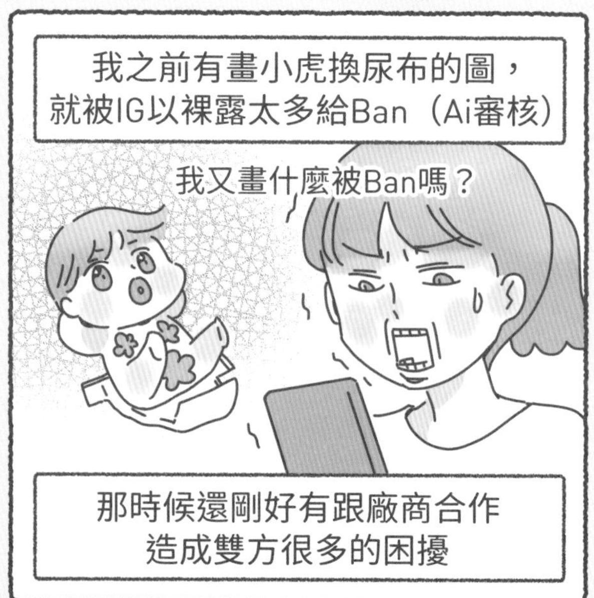

趕快輸入帳號密碼重新審核！
電子郵件或電話
密碼
登入
登入沒反應？
登入、登入
再登入
冷靜下來……

老公!!我被假網頁騙帳密了!!
快點換帳密!
幸好剛剛密碼我都沒有打對!!
重新登入要四五次才成功的人
這樣啊……

成長的動力就是做不能做的事情

雖然小孩會走很開心
……

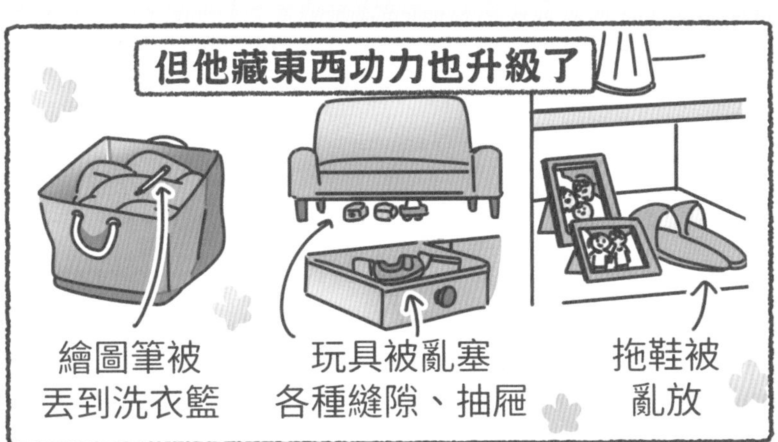
但他藏東西功力也升級了
繪圖筆被
丟到洗衣籃
玩具被亂塞
各種縫隙、抽屜
拖鞋被
亂放

媽媽演得好辛苦～

還太早了

有詐

嘗試安慰我就讓我很療癒

看媽媽有點沮喪
……
OS：
加油點啊～
拍
拍
謝謝寶貝……雖然
好像上司在打氣？

陪玩就是要自嗨

寶寶無聊時

媽媽無聊時

媽媽無聊時

沒有交接人

我回家就
不哭了
果然只要
媽媽嗎

修旦幾勒
!?
這不就代表我
沒職務代理人

媽媽維基百科

噗

這個聲音是放屁，通常是臭臭的
但媽媽的屁只會是香香的喔～～
??
雖然聽不懂，但阿母應該胡說八道

中班萌之約定

公園遇到小哥哥
我是中班!!
揮手
揮手時要說
你好！掰掰！
巴巴!!!
?
各講各的
也能對話？
PapaJane

雖然是各玩各的
哇
讚！
好！明天再
一起玩吧！
驚

第二天碰運氣同一時間去赴約

最後搞得比小孩還失落的母

中班之萍水相逢

小虎在公園認識
的男孩—中班
下次再
一起玩！
我很晚的時候
會在公園喔！
佛系邀約，終於再相遇！
嗨！
Papajane

你們看！我這件衣服有菩薩喔
?
?
我哥說這些
菩薩會保佑我!!
哇很
厲害耶…
願原力保祐您（?）
這這這不是
星際大戰嗎!?

觀察他們會怎麼玩時
啊呀呀呀！
啊啊啊啊!!
發現最愛對彼此大叫後爆笑（？）
呀呀！
（叫得不錯嘛）
哈哈哈哈哈哈哈
（你也不賴啊）
殺毀？

以為要認真玩耍時
玩你追我跑！
噠!!
假動作
你跑很快嘛!!
中班…對不起。
其實他一直在原地喔

中班之掰掰吧

成長過程難免有淚有傷

這不是你爸爸

但爸爸的攻擊目前是無差別

會移動後就變好亢奮

阿狗轉世

財富自由

STAMP

開運大吉

STAMP

健康平安

STAMP

後來發現小虎
也是當我說……
我們去散步吧～
就會很興奮的把
鞋子丟到我面前
帶我
出去嘛～
你……
是阿狗
轉世嗎

博物館之旅

不要看滅火器啦
這裡有台灣黑熊捏
雖然孩子
還看不懂

但重點這裡
空間大有冷氣
電梯跟廁所
計畫通
這就是完美
的放電領域
PapaJane

不是胎夢

我懷孕前就夢到
女兒來家裡玩～
好具體的胎夢
還跟我說
她的小名
還有夢到大蛇
可能懷男生～
夢到花
可能是女兒～

大家的胎夢都好有趣
但我夢到關於小孩的夢
是他被綁架了
蝦咪!!
像電影場景，
被車子的人抱走
小虎!!

NOOOO～
痛哭到母湯時
嗡嗡
小虎又突然出現拍拍我
?
這是有很多
小虎的世界嗎

別人碗裡的最好吃

再回頭吃一口你的！
看！一樣吧！
阿嗯
嘎嘎嘎嘎嘎嘎（要妳的！）
明明就一樣……

不一樣……！
放在別人碗裡
就是特別美味。
寶寶就懂這個
這就是人性嗎

是去保母家上班

去保母家接小孩
小虎很乖喔～
午餐飯都
會吃光光
還能自己
專心玩遊戲
小朋友弄他
也不會生氣喔

明明他在家⋯⋯
一言不合玩食物
求關注 求陪玩
否則爆氣
這這這跟我帶回家的
是同一個孩子嗎!?
?

然後帶去公園放電一下
居然躺下嘆氣
呼～～
……
是去保母家上班嗎？
在累什麼啦……

沒有要玩就回家囉
辛苦了一整天的天空
看起來特別藍呢
——小虎心之詩

發出聲音會有危險

先觀察一下
帶嫩嬰出去
好安靜
PapaJane
遇到不熟的人
好安靜～
在家可
不是這樣～

這應該是生物本能
啊啊啊啊啊
回家就
正常發揮
在陌生地方太大聲，
可能會被吃掉！
拿嚕紅豆
!!!

不要隨便碰小孩

有孩子後，發現有個小困擾
你好～

就是不熟&太熱情的大人
突然肢體接觸玩小孩
咕唧咕唧～
切菜切菜
類似鄰居（常碰面
但不算熟的人）

畢竟我總是跟小孩說
別人不能隨便摸你的身體
你也不能亂碰別人的身體
那……那個!!
作為媽媽……說些什麼吧！

結果不知怎麼開口就結束了
被摸到
頭髮亂掉
???
（剛剛花生什麼事）
對……對不七
阿母太俗辣了

睡覺就輸了

原本小虎下午都
還能睡個1小時的午覺
總算能做點自己的事了

但最近腳尖踏到床板
就大崩潰
嗚哇啊啊啊
（你好殘忍）!!
好啦……好啦
不睡就不睡

但不想小睡
不代表他不需要睡喔=_=
……

結果就是
他會昏迷在很奇怪的地方
下午吃點心
吃到睡著
在地墊上
爬到睡著

媽媽的公主體驗

小虎最近很喜歡
穿大人的拖鞋
完全無視
自己的拖鞋

之後變成
很愛幫我穿鞋
讓我來！

可能想學我幫他
穿鞋子的樣子吧

連你爸都沒有這樣幫我穿鞋過
讓我有種像灰姑娘般的錯覺呢
是說王子你把我
鞋子穿反了啦……
穿反是
什麼？

顧孩天團

正在想生完二寶坐月子時
大寶要怎麼辦勒……
不要一直
戳我肚臍啦
①
一起帶到
月中住
②
請保母帶
③
在家坐月子
+陪玩姊姊

就跟媽媽討論
不然我
幫忙顧啊
誒！但小虎很好動～
你的手跟腰又不好

那不然～～～～
我跟阿姨（媽媽的妹）
還有阿嬤（媽媽的媽媽）
三個人一起顧OK吧？
誒
之前跟她們聊過
說這樣可以捏

媽媽（70y）
等級：阿嬤
阿姨（68y）
等級：阿嬤
阿嬤（90y）
等級：阿嬤們
的媽媽
怎麼沒聲音？
覺得不好嗎？
嗯…
也不是，只是對付一個兩歲屁孩，
動用到三個阿嬤會不會太浮誇了？

虐兒新聞的副作用

發生保母虐嬰新聞後
妳要送小朋友去保母家啊
啊……對

妳媽媽要送妳去給人虐待了～
沒有沒有!!
都是他欺負保母
都不能好好聊天了

保母這邊也是
因為有孩子是高敏兒，放下就哭炸，所以當她哭得很慘時……
哇哇哇

就要趕快出門
因為鄰居也會想關心
還好嗎？
哇哇哇
雖然熱心不是壞事
但確實讓保母有點緊張

這麼可愛託誰的福

老公下班，看太太已被轟炸一天
老婆還好嗎？
不好……
我不睡～我不睡
還要玩媽媽！

小虎！
不要再欺負媽媽了！
沒錯沒錯，爸爸換你唸唸他呀

你也不想想
你長得這摸可愛！
還不都是多虧麻麻。
？
沒錯沒錯，老公的求生欲
越來越強了呢

生小孩前後差：吃飯

生小孩前後差：拍照

生小孩前後差：旅遊景點

這次去日本玩吉卜力公園
有坐到超可愛的貓巴士～
椅子是毛椅套
好細節喔

說到吉卜力，我帶小孩
去附近公園，發現盜版
的龍貓溜滑梯耶!!
哇這荒謬得
好可愛喔!!

公園
親子
放電
下午茶
藝文
健身
果然生孩子後的關鍵字
完全不一樣了呢～
你在解鎖
新世界了

恐怖片嗎!?

帶孩子外食

親子攝影：自己拍

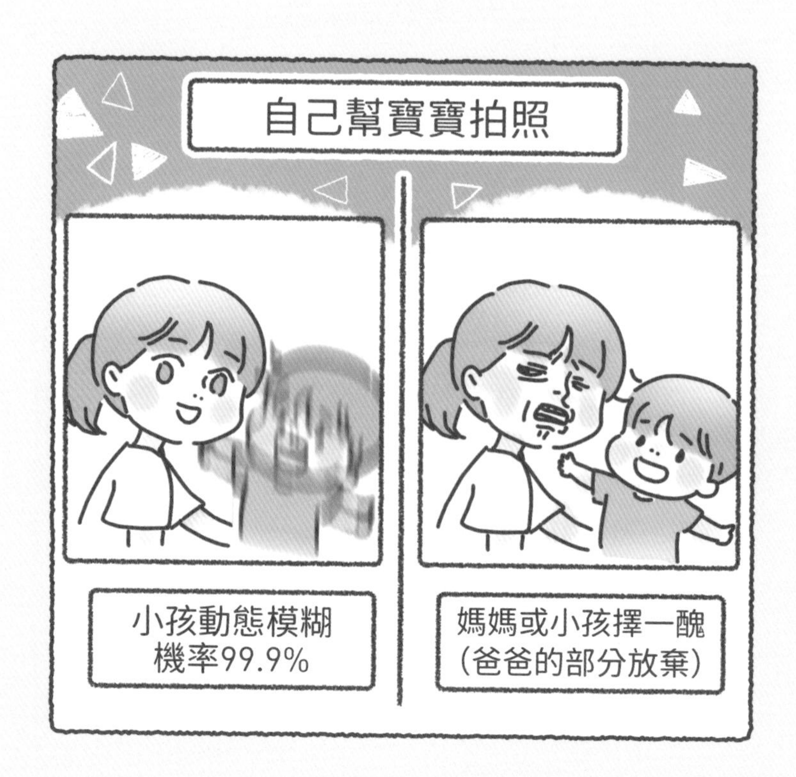

親子攝影：專業拍

有點像養寵物

好像那個……
欲言又止
我知道妳想
說什麼……

跟寵物用
的很像吧
對！柵欄、推車、玩具都好像！
這個玩具網址請傳給我！
汪
我家那隻
會喜歡！

陪睡

習慣巨變

說好的不疊呢
產前
小孩出生後
我們不會……
變疊字魔人吧？
不會吧～
PapaJane
結果
寶寶換布布囉
有餓餓嗎？
等下喝內內喔
???
不能好好說話了

這種東西才鎖不住我

當媽是沒有隱私的

寶寶的屁

總算懂媽媽的心情

多給自己肯定

第一次要抱寶寶時很緊張
不知道怎麼抱才好
覺得寶寶就像個易碎品

原本食物掉到地上也會吃的我
只要是寶寶的東西就異常潔癖
毒菌退散!!
酒精使用達人生巔峰

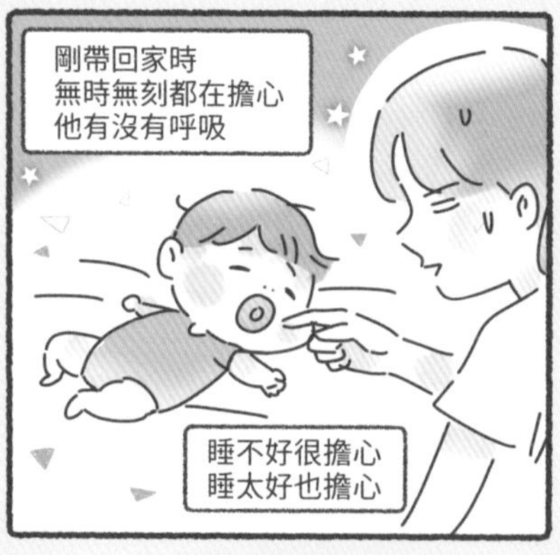
剛帶回家時
無時無刻都在擔心
他有沒有呼吸
睡不好很擔心
睡太好也擔心

聽寶寶的哭聲聽到有幻覺
哭聲錯覺？

睡眠時間從來沒這麼少過
還一直被中斷
睡飽是什麼？
才知道原來人類能睡這麼少

明明育兒的生活非常忙碌
但忙完一整天
卻又覺得自己什麼都沒做

不做到燃燒殆盡，就質疑
自己不是個好媽媽…

媽媽們，其實…
妳做得很好喔

小虎生日

調色盤！
（美術行業）
別再改了！
求下班
藝術大學畢業
從事設計工作N年
剛剛不算，重抓吧！
這個如何
怎麼變媽媽抓？
？
房子（地產大亨）

不可思議的生理時鐘

離開月子中心後，護理師交代寶寶的照顧事項
回家就每四小時餵寶寶喝奶喔～
好的！
那就設四小時的鬧鐘提醒自己

結果發現根本不用設鬧鐘
四小時餓了就開哭……！真的很準時!!
哇啊啊啊啊

喝完奶還有拍嗝、換尿布各種狀況弄好，寶寶才能睡回去
但可能沒睡多久，或根本沒睡又開始新的循環～

脹奶不舒服或想瓶餵就要再找時間擠乳……
每個被好好照顧的寶寶背後，都有個沒什麼睡的媽媽呢
在用電動擠乳器

媽媽被訓練太好

虎哥開始學講話時
只有一個字講得比較清楚
*&^%*視～
四？
一二三四？
他說「想看電視」

*&^%*隨
誰？
他說「水壺在哪裡」

*&^%*貝
貝貝彬？
(卡通角色)
他說「幫我蓋被被」

他有說那麼多字嗎
檢討
吸一
這就是媽媽翻譯蒟蒻的厲害

睡覺的角度

本來小孩只要我陪睡就好
嘎嘎嘎～～
現在一定要爸爸加入才肯睡

但孩子睡著後，我們
就會逃離現場～～
快溜喔～

經常我們回來睡覺
發現他已經占據C位了

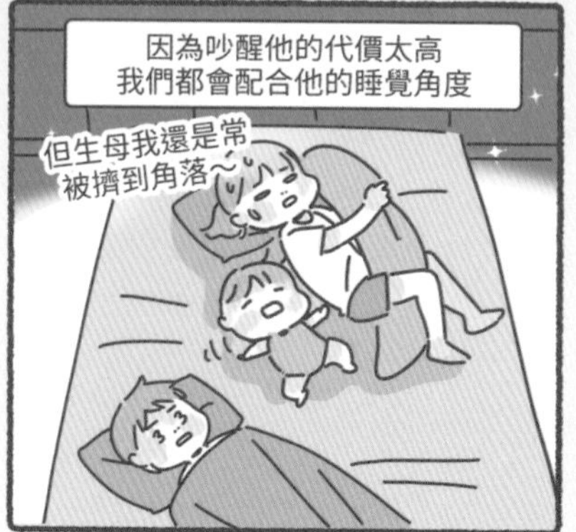

因為吵醒他的代價太高
我們都會配合他的睡覺角度
但生母我還是常
被擠到角落～

寶寶的回饋

以前看影片，不是很懂父母為何
要深情款款看著小孩睡著
覺得這畫面拍得很刻意⋯

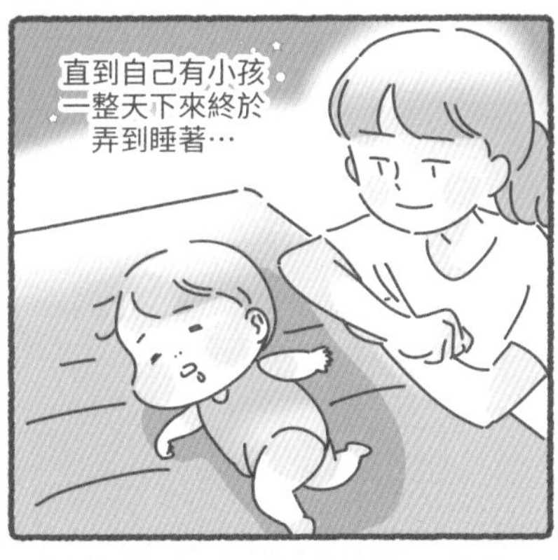
直到自己有小孩
一整天下來終於
弄到睡著⋯

回想⋯今天⋯好多⋯事情
不肯吃飯
不肯站起來
不肯睡覺
看個文件
被打斷一千次

太不容易了！
這一刻的安寧⋯
真的真的⋯
太不容易了!!

part 4

二寶的相愛相殺

二寶的都市傳說

大寶的雷達

……
我沒有親餵，所以突然掀衣服，又玩我肚肚讓我很驚訝
？
該不會……
然後就驗到了！
是用聞的嗎？還是單純想捏鮪魚肚……
？

孕期大魔王

但也有媽媽孕期是不會孕吐的
我生兩個都沒吐過……
超羨慕……
這時候也只能安慰自己
好喔……
阿母我很元氣～
會孕吐可能是寶寶比較積極報平安吧
PapaJane

孩子還沒出生就退化

很多媽媽都會擔心二寶出生後
大寶會有退化傾向

在我備孕時，小虎狀況是
■能睡過夜
■副食品越吃越好
■白天小睡很固定
給我一種可以放心懷二寶的錯覺

結果懷孕後
■突然要喝夜奶
■變吃渣
■小睡大崩潰
嗚哇哇
哇哇
二寶孩沒出生
就退化了嗎
???

我也是懷孕時，大寶就先退化了
他是想把自己塞回包巾裡
緊繃的海星
幸好退化聯盟
裡我不孤單～

懷大寶與二寶差別

懷第一胎➡
對重物小心翼翼
懷第二胎➡
被迫提重物
重物

第一胎➡
吃東西各種謹慎
可以喝洛神嗎……
第二胎➡沒時間想東想西了
放空與放棄

懷第一胎➡
能休息就休息
懷第二胎➡
看大寶賞不賞臉

只有大寶➡
體力與心
能一對一
有二寶➡付出的愛
不會除以二
愛只會double
(但花的摳摳也是)

雙寶互動

看到小虎跟二寶玩
覺得畫面很溫馨時……

突然會變得很驚悚
猛力搖
溫柔一點啦!!!

想想小時候老哥因為好玩
用屁股壓我的臉，當時真的
有要被幹掉的感覺
不能呼吸啦～
耶～
手足在成長過程也是風險（？）

但大部分還算可以和平相處
嗚啊啊～
拍拍～
希望他們長大能感情很好地吵吵鬧鬧

地鳴

生二寶前
我對有兩個孩子的想像
笑聲不斷
和樂融融

但其實我一打二時
不要說兩個，我經常連一個都顧不好
小的在哭
大的也求陪玩

尤其當有一個情緒崩潰時
哇啊啊
啊啊!!!
另一個也會被啟動

啊……這就是
地鳴嗎……
哇啊啊啊啊啊

對發展的憂慮

我一直慶幸懷孕到生產沒有特別的狀況，但擔心沒有結束
出生後，就是擔心孩子的發展…結果真的被我遇到了…

小虎一歲半時
因為我懷二寶孕吐太嚴重
白天就請保母照顧
媽媽～因為政府會派社工定期訪查
也會順便給被托育的小孩做發展評估

小虎的語言評估沒有過喔
欸!?

確實在小虎一歲半時，除了會講「爸爸」、「媽媽」，就沒有新的詞彙了
這是消～防～車
……
但怎麼陪他玩、講繪本、跟他講話他就是很少發出聲音

雖然擔心，但半年後就會上幼幼班身旁親友的反應也比較樂觀
大隻雞慢啼
男生比較晚會講話
等二寶卸貨後…再來看看好了

半年後上幼幼班第一個月
學校發了簡易發展評估，結果…
耶~~
但幸好，他喜歡上學…
語言評估還是沒過!!!

下課到幼稚園時，看到其他
小朋友的狀況又更讓我憂慮了
真的幾乎都會
簡單的表達了
媽媽~
要布丁~

之前評估小虎發展的社工，
也同時打電話關心
現在很重視早療，
想確認小虎講話
有進步嗎？
其實他詞彙量
還是沒增加…

我疏忽了什麼部分…
還是孩子有狀況？

那建議媽媽趕快帶小虎
去醫院做正式評估喔
如果有需要早療，
越早開始越好喔！
好的…
我會盡快安排
小孩去做評估

對發展的憂慮

在看診日前，我一直希望孩子
有進步，解除我的憂慮
看紅色車車跑
車車要去哪～～
（不停講…）
……
我更刻意、賣力對他
說話，希望能刺激他講話

但感覺…自己一直在自言自語
讓我挫敗到忍不住落淚
給媽媽
一點回應嘛…

終於到了看診日
小虎你好～你看
有貼紙耶～
媽媽……
是！

妳在緊張什麼呢
我……我在
緊張什麼嗎
因為兩次簡易
評估沒過……
社工跟老師會關心

上學後，發現他的語言能力
確實明顯落後…
我就更擔心是不是有狀況…
我會先確認生理性跟病理性
兩個大方向，生理性就像
聽力受損、或出生有特別狀況

病理性就像自閉症…
孩子會對人類沒有興趣
這就是很大的挑戰
但我觀察他都沒有這些狀況喔

太…太好了
妳還是可以去
排聯合評估，
現階段…
請妳先尊重孩子
的個性跟學習步調

回家後
睡覺囉
我開始回想醫師
最後跟我說的話…
小虎語言發展
確實比較慢
但妳一定要
經常提醒自己

對發展的憂慮

發展檢核表是一個參考工具
每個孩子的發展都是獨一無二的
寶貝
媽媽愛你喔

好

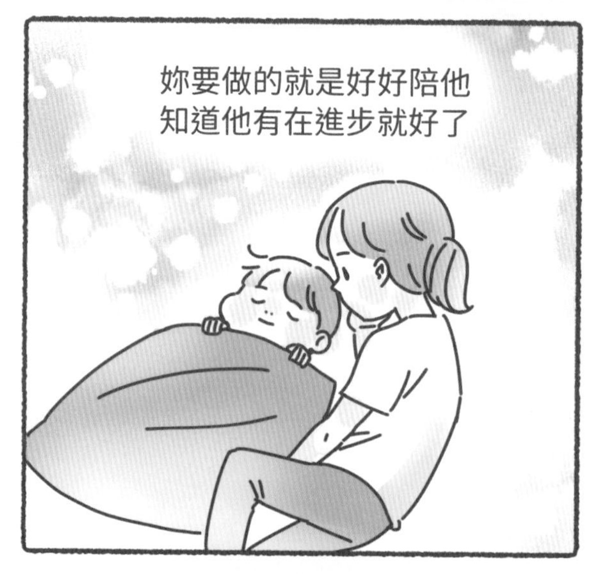
妳要做的就是好好陪他
知道他有在進步就好了

練習說話

經過語言治療師建議
在家就能做的練習就是…
拖延戰術
小虎～這是你
最愛吃的牛奶棒
耶～～

先說：「想吃牛奶棒～」
才可以吃喔～
啊!?
果然一開始
會生氣…
嗚嗚嗚哇哇哇

先說「棒」也沒關係
我們慢慢來～
不要！
堅持幾天後，終於…
…棒！
說出新詞了！

再經過幾天努力
我還沒問……
你想不想…
想！
我…想…吃…
牛…奈…棒!!!

你說出來了！對！
是牛奶棒！
要！想要…
紐奈棒!!
你真的很棒!!

學著放鬆心情吧

但，有時昨天會說了
但之後又說不出來
你看～是章魚～
不要～
一旦進步卡關了
我就很沮喪…

但能做的我也盡量做了
去醫院評估
排語言早療課
研究各種
統感遊戲
在家邊玩
邊練習

但還是擔心，下次語言
評估能不能通過呢…
如果還是沒通過
我怎麼辦…
還有什麼
我能做的呢…
再度陷入內耗劇場

拍～
他感覺到我
心情低落嗎？

其實這段時間我太聚焦
在小孩進步的速度
就會很焦慮…
趕快轉換
心情~~
Baby Shark
嘟嘟嘟~
但我知道不擔心是不可能的
只能試著跟這些情緒共處

另外也提醒自己
偶爾把重心拉回自己身上
很累還是想
畫畫抒發情緒
好久沒幫自己
買新衣服
好好打扮自己

媽媽快樂，孩子也才會快樂
媽媽漂亮嗎
飄~亮~
哇~~
媽媽們也別忘記好好照顧自己

part 5

夫妻間與原生家庭的羈絆

沒被打反而奇怪

體罰世代
在我國中時，體罰很普遍
御飯糰
青蛙跳
但偶爾有家長抗議
所以開學第一天
成績不到學生制定標準時
家長同意體罰嗎？
可
不可
老師就發體罰問卷
PapaJane

媽媽的反應
打沒用啦～妳哥姐被打到大，還是不愛念書啊
所以媽要勾哪個？
讓妳自己勾吧～妳想被打嗎～
那當然不要啊

早上看同學反應
大家都勾可以嗎
我爸還說，讚！
皮繃緊點喔
補習班也會打啊

如果只有
我沒被打!!
我會被排擠!!
成績不到個人
家長同意體罰
可

最後班上40個人
啪啪
只有一個家長
填不可以打
當時還慶幸選要打，不然
體罰時坐旁邊很尷尬（?）
啪啪
現在回想這狀況
真是不可思議～

過年回娘家

瞬間長智慧
本來嫩嬰是人人好
誰抱沒差
到陌生地方
都能秒睡
但新年跟我回娘家時
小虎～
是阿公阿嬤喔

這哪裡
您們素隨
!?
炸裂爆哭！
哇啊啊啊啊啊

帶孩子回來啊
哭到鄰居來關心
哇啊啊啊
最後哭太慘，領完紅包就光速離開
嗚哇啊啊啊
搞得像紅包大盜

只要健康快樂

媽媽的願望
媽會希望我賺很多錢或變很厲害的人嗎～
不會耶
這又不是期待就能達成的事
而且媽媽只希望……
PapaJane
小孩能好好吃飯好好睡覺
身心平穩
健康快樂最重要！
如果不健康、不快樂那一切都沒意義
還無法體悟

求婚啊

求婚啊

這種求婚好浪漫喔～
妳老公當時怎麼求婚
當時啊……
我們從台東玩回家
在南迴公路上……
哇～在那邊求婚
很浪漫捏

真實情況
當時我暈車吐到爆
嘔嘔嘔嘔～～
只好停在路上超商
……
微死亡

突然就
阿帕……
我們之後……
會結婚吧!!!

應該……
會吧？
一定要這時候談這事嗎？

這麼隨性!?
妳不會生氣嗎
不會噎，當下
就覺得……
總之都擊落了
那就這樣吧
轟
我想這樣的不浪漫
就是我們的浪漫吧

媽媽在家等你

小時候快到春節
隔壁阿伯就會拿小凳子
從早上開始坐著
?

阿伯是在等小孩
跟孫子回家啦
誒～原來……
這麼期待喔……？

以後你們長大離家～
我也會拿小凳子
坐在門口等你們喔……
媽媽……（感動）

不對。
媽媽應該會坐在沙發
邊追劇邊等我們吧
對啊，我幹嘛
坐在外面等？
突然不感人了

自由的空氣好久沒吸了

老夫老妻

老夫老妻
幹嘛一直盯著我
盯
老婆
幹嘛？
盯
PapaJam

妳鼻孔
挖好久喔
我在挖鼻孔!?
!?
天啊，我完全沒自覺
我終於進入
全自動模式？
挖鼻孔的
老婆也很棒

國家圖書館出版品預行編目（CIP）資料

小資媽媽育兒向前衝：帕帕珍優雅不起來的育兒奇幻旅程/帕帕珍(PapaJane)著. -- 初版. -- 臺北市：臺灣東販股份有限公司, 2025.01
176面；14.7 x 21 公分
ISBN 978-626-379-663-8(平裝)

1.CST: 育兒 2.CST: 漫畫

428 113016543

小資媽媽育兒向前衝：

帕帕珍優雅不起來的育兒奇幻旅程

2025年1月1日初版第一刷發行

著　　者　帕帕珍（PapaJane）
編　　輯　王靖婷
書封繪圖　帕帕珍（PapaJane）
設　　計　許麗文
發 行 人　若森稔雄
發 行 所　台灣東販股份有限公司
<地址>台北市南京東路4段130號2F-1
<電話>(02)2577-8878
<傳真>(02)2577-8896
<網址>https://www.tohan.com.tw
郵撥帳號　1405049-4
法律顧問　蕭雄淋律師
總 經 銷　聯合發行股份有限公司
<電話>(02)2917-8022

著作權所有，禁止翻印轉載，侵害必究。
購買本書者，如遇缺頁或裝訂錯誤，
請寄回更換（海外地區除外）。
Printed in Taiwan